优秀技术工人
百工百法丛书

琚永安工作法

架空地线复合光缆的电动旋切

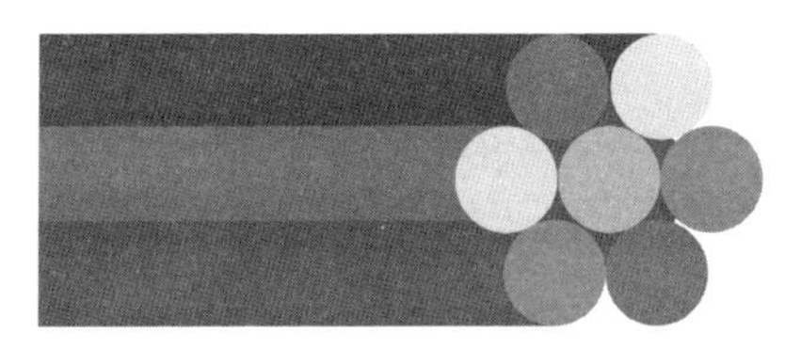

中华全国总工会 组织编写

琚永安 著

中国工人出版社

技术工人队伍是支撑中国制造、中国创造的重要力量。我国工人阶级和广大劳动群众要大力弘扬劳模精神、劳动精神、工匠精神，适应当今世界科技革命和产业变革的需要，勤学苦练、深入钻研，勇于创新、敢为人先，不断提高技术技能水平，为推动高质量发展、实施制造强国战略、全面建设社会主义现代化国家贡献智慧和力量。

——习近平致首届大国工匠创新交流大会的贺信

优秀技术工人百工百法丛书

编委会

优秀技术工人百工百法丛书

能源化学地质卷

编委会

序

党的二十大擘画了全面建设社会主义现代化国家、全面推进中华民族伟大复兴的宏伟蓝图。要把宏伟蓝图变成美好现实，根本上要靠包括工人阶级在内的全体人民的劳动、创造、奉献，高质量发展更离不开一支高素质的技术工人队伍。

党中央高度重视弘扬工匠精神和培养大国工匠。习近平总书记专门致信祝贺首届大国工匠创新交流大会，特别强调“技术工人队伍是支撑中国制造、中国创造的重要力量”，要求工人阶级和广大劳动群众要“适应当今世界科技革命和产业变革的需要，勤学苦练、深入钻研，勇于创新、敢为人先，不断提高技术技能水平”。这些亲切关怀和殷殷厚望，激励鼓舞着亿万职工群众弘扬劳模精神、劳动精神、工匠精神，奋进新征程、建功新时代。

近年来，全国各级工会认真学习贯彻习近平总书记关于工人阶级和工会工作的重要论述，特别是关于产业工人队伍建设改革的重要指示和致首届大国工匠创新交流大会贺信的精神，进一步加大工匠技能人才的培养选树力度，叫响做实大国工匠品牌，不断提高广大职工的技术技能水平。以大国工匠为代表的一大批杰出技术工人，聚焦重大战略、重大工程、重大项目、重点产业，通过生产实践和技术创新活动，总结出先进的技能技法，产生了巨大的经济效益和社会效益。

深化群众性技术创新活动，开展先进操作

法总结、命名和推广，是《新时期产业工人队伍建设改革方案》的主要举措。为落实全国总工会党组书记处的指示和要求，中国工人出版社和各全国产业工会、地方工会合作，精心推出“优秀技术工人百工百法丛书”，在全国范围内总结100种以工匠命名的解决生产一线现场问题的先进工作法，同时运用现代信息技术手段，同步生产视频课程、线上题库、工匠专区、元宇宙工匠创新工作室等数字知识产品。这是尊重技术工人首创精神的重要体现，是工会提高职工技能素质和创新能力的有力做法，必将带动各级工会先进操作法总结、命名和推广工作形成热潮。

此次入选“优秀技术工人百工百法丛书”作者群体的工匠人才，都是全国各行各业的杰出技术工人代表。他们总结自己的技能、技法和创新方法，著书立说、宣传推广，能让更多人看到技术工人创造的经济社会价值，带动更多产业工人积极提高自身技术技能水平，更好地助力高质量发展。中小微企业对工匠人才的孵化培育能力要弱于大型企业，对技术技能的渴求更为迫切。优秀技术工人工作法的出版，以及相关数字衍生知识服务产品的推广，将对中小微企业的技术进步与快速发展起到推动作用。

当前，产业转型正日趋加快，广大职工对于技术技能水平提升的需求日益迫切。为职工群众创造更多学习最新技术技能的机会和条件，传播普及高效解决生产一线现场问题的工法、技法和创新方法，充分发挥工匠人才的“传帮带”作用，工会组织责无旁贷。希望各地工会能够总结命名推广更多大国工匠和优秀技术工人的先进工作法，培养更多适应经济结构优化和产业转型升级需求的高技能人才，为加快建设一支知识型、技术型、创新型劳动者大军发挥重要作用。

中华全国总工会兼职副主席、大国工匠

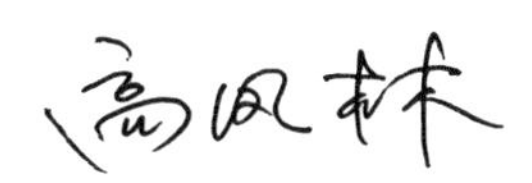

作者简介
About The Author

琚永安

国网吉林省电力有限公司四平供电公司创新管理办公室副主任，正高级工程师，高级技师，享受国务院政府特殊津贴，四平市总工会第五届兼职副主席，吉林大学劳动教育特聘教授，吉林省劳模协会理事，四平市科学技术协会委员会委员，四平市第九届人大代表。

工作中，他致力于创新攻关，独立完成创新

成果百余项，多项成果完成转化应用。发表论文 20 余篇，出版著作 1 部，获 32 项专利，获国家及省部级奖励 13 项。

他敬业奉献，获得“全国劳动模范”“全国五一劳动奖章”“吉林省特等劳动模范”等荣誉；创新创效，获评“吉林好人·最美职工”、吉林省“创新达人”、“四平工匠”、首届“吉林工匠”、“国网工匠”、第十五届中国工业论坛“优秀创新工匠”等称号；被吉林省总工会、吉林省科学技术协会誉为“电力设备创新达人”，被中共中央、国务院、中央军委授予“庆祝中华人民共和国成立 70 周年”纪念章。

他领衔的工作室先后荣获四平市、吉林省和国家电网公司示范性创新工作室，2017 年被全国总工会授予“全国示范性劳模和工匠人才创新工作室”，2018 年被吉林省人力资源和社会保障厅授予“琚永安首席技师工作室”。

新时代的劳动者，就要用：

工匠精神、创新的思维和诚实的劳动，

为职业生涯增添一抹亮色！

目　录
Contents

引　言 Introduction

架空地线复合光缆简称 OPGW（Optical Power Grounded Wave-guide）光缆，又称光纤架空地线，是在架空地线的多股钢绞线中使用复合光纤保护管，将多芯通信光纤填充到保护管中，在电力线的架空地线中构成通信光纤线路。

在电力架空线路施工中，根据工艺情况，每盘导线一般为几千米，整个线路是由很多段导线连接组成的，需要将各段线路接续贯通后形成完整线路。光缆接续是线路施工运维中最常见、最关键的环节，是保证电网和通信系统安全可靠运行的基础。

在 OPGW 光缆接续时，首先将外层包覆的钢绞线切断剥离，露出光纤保护管，再断开保护管分离出纤芯进行熔接，形成完整的通信电路。接头处通过专用的接头盒过渡和保护。

以往由于没有专用切割设备，作业人员只能用手锯切割。钢绞线硬度很高、韧性很强，靠手工工具切割后用钳子掰断，致使钢绞线破股、断面粗糙、工效低下，且野外缺少可靠的固定措施，工具滑动容易误伤作业人员。

作者通过研制一种专用电动切割设备，代替手工工具切割，用技术手段破解了以往手工作业方法存在的诸多弊端，实现了工作质效的全面提升。

该工作法分为两个方面的内容，一是针对以往问题，研发一种专业的切割设备，实现专业设备切割代替以往人工手锯切割；二是根据新设备的结构和工作原理，制订操作使用规程，便于专业人员掌握，最大限度地发挥新设备的功效，实现 OPGW 光缆切割方法的变革和工作质效的提升。

在设备方面，采用较为轻便的高强度铝合金型材为基本材料；设计专用的机械结构，包括底座固定部分和外圆周旋转部分；装置的中心孔用于穿过光缆，将需要切割部分的光缆调直穿过中心孔，可以实现可靠的两点紧固；切割装置可以以光缆为中心轴做圆周旋转运动，并在旋转过程中由专用金属切片实行圆周切割；采用充电电池组做动力，可将外层钢绞线快速、准确、整齐地切断剥离，避免人工手锯切割造成的钢绞线破股、断面粗糙、容易伤手等问题；采用充电电池组做动力，简捷轻便。通过技术手段和新装备的应用实现工艺、质量、效率的全面提升。

在使用方法上，由于电动设备的使用与以往手工作业存在差别，作业人员必须详细了解设备的结构和工作原理，制订《安全操作与保养规程》和《现场作业指导书》，确保发挥设备的最佳效能，通过新方法的实施，全面提升工作质效。

目前电力系统特别是高压电网已经大量采用光纤保护，即以光纤通信系统作为保护通道传输继电保护和自动装置信号，比如差动保护、远跳、稳控、自动化“五遥”等。正是有了安全可靠的通信系统，使电网实现了数字化、信息化、智能化发展和管控，电网运行才有了“顺风耳、千里眼”。光纤通信电路的安全可靠运行，为电网安全提供了强大的技术保障。

第一讲

工作法提出的背景

一、OPGW 光缆结构

OPGW 光缆是由多股钢绞线或铝包钢绞线包覆不锈钢保护管，管内填充光纤，在电力线的架空地线中构成供通信用的光纤线路，如图 1 所示。

该种光缆为实现地线的电性能和力学性能不因设置了光纤而受到损害，光纤单元也要适当地进行保护而不致受到损伤。OPGW 光缆有铅骨架型、不锈钢管型以及海底光缆型等。根据制造工艺、结构和材质，光纤的复合方式一般有铝管 + 层绞式塑管、铝管 + 中心塑管、层绞式不锈钢管、中心不锈钢管、内螺旋塑料管、骨架槽等。

根据材料和结构特性，目前不锈钢管型已成为 OPGW 光缆的主流产品。从结构上分为中心管式结构和层绞式结构，如图 2 所示。

根据常用光缆结构，中心管式光缆由于物理结构的对称性特点，更有利于采用电动机构圆周

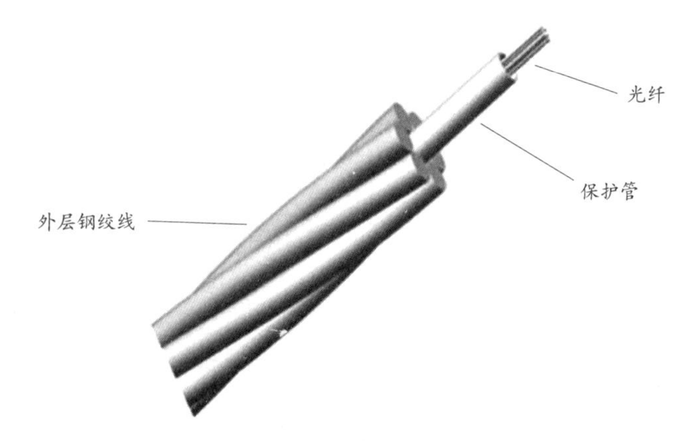

图 1　OPGW 光缆的基本结构

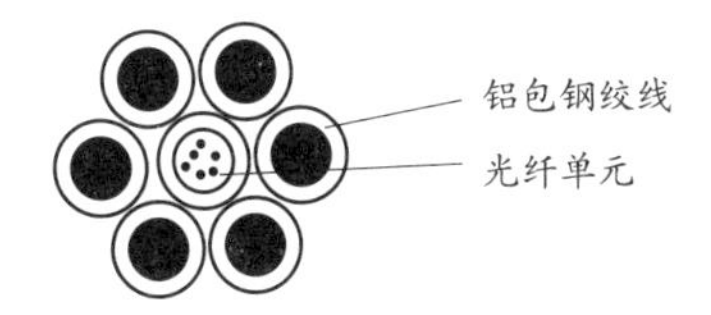

a. 中心管式 OPGW 光缆

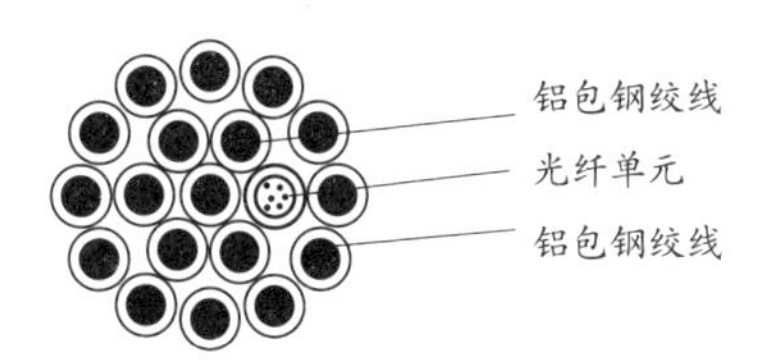

b. 层绞式 OPGW 光缆

图 2　中心管式和层绞式 OPGW 光缆结构图

切割。该结构的光缆由于受力结构较好，也是现场应用较多的类型。

二、OPGW 光缆接续作业

在实际线路施工中，每盘 OPGW 光缆的长度约几千米，由于制造工艺等限制，每条电力线路就需要很多盘导线接续在一起，形成贯通的线路。一般长度线路的接头为十几个、几十个甚至更多，接续点的质量直接影响整个通信系统的运行质量，光缆接续是线路施工运维中最关键也是最薄弱的环节，优良的接续质量是保证电网和通信系统安全可靠运行的基础。

OPGW 光缆在接续塔连接过渡时，先将两侧余缆引至塔下以便于剥缆接续，塔上部分用专业接续线夹或引流线进行接续连接及接地，需确保地线的功能完整性。

在塔下剥缆接续时，首先将外层包覆的钢绞线切断剥离，露出光纤保护管，再断开保护管，分离出纤芯进行熔接，接头处由专用的接头盒进行过渡和保护，形成完整贯通的通信线路。用于接续过渡的接头盒如图 3 所示。

光缆接续工作第一步是留有足够余长，确定好切割点，切割剥离外层钢绞线；第二步是切断光纤保护管，露出管内纤芯；第三步是将光缆装入接头盒并锁紧钢绞线；第四步是清理纤芯的保护油膏；第五步是熔接；第六步是在盒内盘纤整理、测试、密封；第七步是将接头盒安装在铁塔适当高度的位置，将余缆整理装入余缆盘。

三、存在的问题

由上述工作过程可知，光缆的接续首先就是完成外层钢绞线的切割，将纤芯从保护管中剥离出来。以往的手工作业存在以下问题。

1. 钢绞线破股

以往都是用钢锯或角磨机手工切割，为避免钢绞线彻底切断时可能发生误伤保护管事故，一

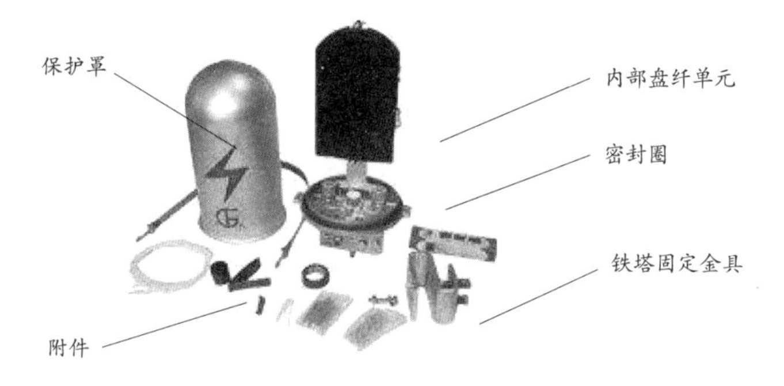

图 3　铁塔用光缆接头盒

般是切割 70%~80%，再用钳子掰断钢绞线。由于制造时的应力较大，钢绞线的应力被破坏后，造成破股、散股。钢绞线的应力和几何形状发生改变，根本无法恢复紧密绞合的初始状态，破散的端头很难实现与接头盒的完美安装，严重影响接续工艺质量。

2. 切割断面粗糙

手工钢锯或角磨机作业导致断面参差不齐，用钳子掰断的断茬更是粗糙尖锐，容易误伤纤芯，影响工艺质量，如图 4 所示。

3. 存在安全隐患

在野外缺少可靠的夹持固定措施，由于钢绞线具有很高的硬度和韧性，切割时钢锯容易侧滑，作业时极易伤手，这在以往多有发生。

4. 工艺、效率低下

一是由于以往作业方法造成的钢绞线破股、断面粗糙等情况，严重影响接续工艺质量；二是

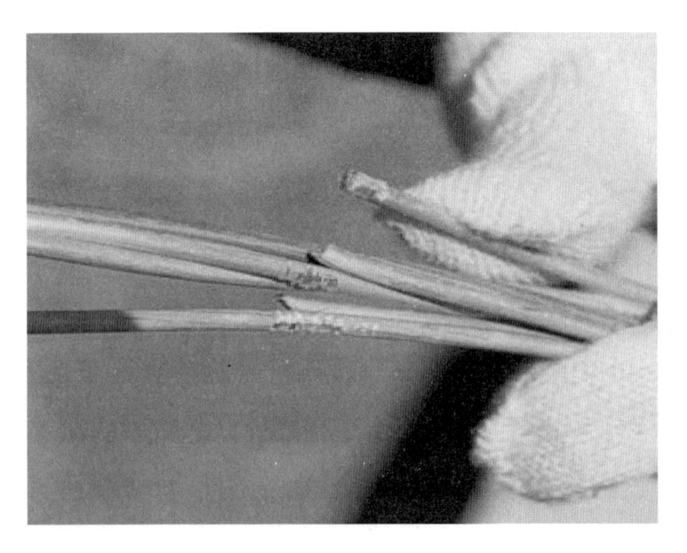

图 4　手锯切割情况

作业方法效率较低，一般处理每个接头约 30min，在事故抢修时明显成为短板。

四、原因分析

1. 钢绞线破股

这是由钢绞线的性质和制造工艺决定的，钢绞线是由多根独股单丝绞合而成，单丝的材质必须具有较高的强度和韧性，方可满足线路所受的巨大应力和外力要求。从构造上多根单丝紧密绞合后，应力分布更加均匀，在制造时每根单丝均在较大扭力下多股绞合成一根复合绞线，整根绞线能发挥出最大的强度和韧性，避免金属疲劳现象发生。使用以往方法手工切割时，由于钢绞线各股间相互受力情况遭到破坏，在应力作用下必然散股分裂，且散股后无法恢复。

2. 断面粗糙

由于钢绞线具有较高的强度和韧性很难切割，

以往手工作业方法为避免彻底切断钢绞线误伤光纤保护管，一般在切割到单芯线径的70%~80%时，就用钳子掰断钢绞线，掰断的机械断面必然粗糙尖锐，同时也是钢绞线由于应力被破坏而散股的主要原因。

3. 安全隐患

由于钢绞线具有较高的强度和韧性，以往在野外条件下又缺少台钳类夹持紧固装置，手锯切割时锯条极易侧滑，造成作业人员手部受伤；用角磨机切割也因缺少固定措施易引发事故。同时，不良的工艺对通信系统也带来潜在的隐患。

4. 作业工艺、效率低下

一是以往常规方法造成的钢绞线破股、断面粗糙等，致使工艺水平根本无法达到理想状态，与标准化验收工艺差距很大；二是受落后的工艺和环境条件所限，速度无法提高，窝工现象严重。

第二讲

工作法概述

一、工作法简介

OPGW 光缆在原有电力线的基础上，又形成通信线路，工作中兼具架空地线与光纤线路的双重功能，即电力与通信的复合线路。

与以往常用的 ADSS（即 All Dielectric Self-Supporting Optical Fiber Cable，全介质自承式光缆，是一种全部由介质材料组成，自身包含必要的支撑系统，可直接悬挂于电力杆塔上的非金属光缆）光纤通信线路相比，OPGW 光缆具有更高的可靠性和运行寿命，目前在高压电力网中应用越来越广泛，数量逐年增加并成为主流。

在 OPGW 光缆的接续工作中，首先需要根据余长在余缆适当部位将复合光缆外层的（单层或多层）钢绞线切断，剥离出内层绞合的不锈钢光纤保护管，再切断保护管，剥离出内部的纤芯进行熔接，进而实现光纤线路的接续贯通。

由于纤芯及保护管极为脆弱，在使用以往方

法切割、剥离、装盒、盘纤时，极易发生误伤纤芯的现象，或由于工艺不佳，造成纤芯衰耗过大，致使电路指标下降，被迫返工或遗留隐患。其根本原因就是落后的工艺方法无法保证高质量成品的完成。

以往方法最大的缺陷是手工作业造成了钢绞线的应力被破坏，致使相互紧密绞合的钢绞线破股、散股，对后续穿入接头盒的整理工作带来很大的麻烦，且工艺根本达不到标准要求；使用常规手工工具切割、掰断，造成断面极为粗糙、锋利，很容易伤及纤芯，给电路的可靠运行带来隐患；作业效率低下，一般处理每个接头要 30min 左右，且由于钢绞线的特性，极易造成锯条侧滑伤手现象。

为杜绝以往缺陷，需要解决两个方面的问题。一是研制新的专业切割设备，利用机器代替人工作业，克服工艺的不足；二是利用新装备，探索全新的工作方式方法，最大限度地发挥机器的效能，彻底破解以往缺陷，全面实现工作质效的提升。

本工作法首先研制一种专用切割设备，再按照新设备确定最佳的使用方法，确保工作质效的最大化。

针对光缆的结构特性及钢绞线制造时的股间应力情况进行分析，必须解决破股问题。核心在于切割钢绞线时，不得造成股间绞合应力的破坏。

为此，设计一种圆周环切结构，利用高速旋转的金属专用切割片，以光缆轴向为中心，用圆周渐进切割的方式渐进式切断外层钢绞线。确保钢绞线的应力不受影响和破坏，进而杜绝了破股现象，且电动圆周切割保证了切面的平整光滑，使用更加方便快捷，使作业工效实现全面提升。

为实现上述功能，作者研发了“OPGW 复合光缆电动旋切机”装置。它由底座固定部分和外圆周旋转部分组成，在底座两侧分别安装一块带有中心通孔的交叉滚子轴承，由两块左右对置的轴承作为机器的结构核心。在轴承内圆周上安装四爪卡盘结构的锁紧装置，并与底座固定连接，形成固定部分。在两个轴承的外圆周上由两个连板支架连接构成可旋转部分，在外圆周旋转支架上安装切割电机、切深调节机构、蓄电池、控制面板等部件。

切割时，紧固待切光缆是最关键的环节，特别是在野外环境更需要简捷、可靠、灵活的装置。作者采用四爪同心式手紧卡盘紧固夹持装置，确保实现上述功能。将需切割部分的光缆调直并由机器中心孔穿过，由两侧手紧卡盘双侧紧固，实现光缆的有效调直紧固。通过控制开关，操作外圆周可旋转机构电机、切割电机、进刀深度电机等动作。切割装置可以以光缆为中心轴做圆周旋转运动，并在旋转的过程中由专用金属切片实行圆周切割，采用随动旋转的电池组做动力，将外层钢绞线快速、准确、整齐地切断，轻松剥离。

上述方法彻底避免了以往方法造成的钢绞线破股、断面粗糙、容易伤手等问题，用技术手段和新装备的应用实现工艺、质量、效率的提升，从而为电网的安全运行提供强大的基础保障。

二、工作法解决的问题

通过对以往工作方法存在的问题和弊端进行深入分析，作者找出了问题关键，研发了一种新式的专用切割装备，确立了一种新的作业方法，全面解决了钢绞线破股现象，切割断面平整光滑，消除了以往方法存在的安全隐患，极大地降低了作业人员的劳动强度，填补了全行业空白，用新装备为 OPGW 光缆的接续工作探索出一种新方法，实现工作质效的本质提升。该工作法在近年的应用中效果良好，完全达到了预期水平。

1. 解决钢绞线破股问题

根据前述对作业方法和破股原因的分析，新的作业方法采用金属切割片高速环切，渐进式切入，使每根钢绞线均匀受力，避免了钢绞线股间应力的破坏，从根本上杜绝了破股现象的发生。

2. 实现切割断面平整度的提升

钢锯手工切割属于金属的低速切削加工，手工无法掌控精度，切入点偏差大，母材受力大，易产生很大的形变。锯片切割属于高速磨料磨削加工，母材受力及形变极小，属于不同的金属加工方式。圆周旋切可使断面更加光滑平整，工艺偏差小，具有钢锯手工切割无可比拟的优越性，用此方法可以全面破解断面不够光滑平整的问题。

3. 全面提升工作质效

以往手锯切割完全靠人力完成，即使用角磨机类电动工具使工效有所改善，但受野外环境所限，缺乏稳固的夹持固定装置，工效很难提高。

新方法采用双点紧固夹持方式，首先解决了光缆固定的难题，采用专用金属切片高速电动圆周渐进切割，通过使钢绞线均匀受力不破坏钢绞线股间的张力，杜绝了钢绞线破股缺陷，断面平整光滑，工艺水平实现了本质上的飞跃。实际工作中每个作业点仅需 1min 左右。采用专用电动工具蓄电池供电，小巧轻便，配合快速拔插换电结构，十分灵活方便，便于携带，适合任何场所作业，特别是在野外作业时更加灵活方便。

4. 实现全方位的安全保障

新专业设备的应用一是使作业方法发生改变，有效降低了以往方法误碰误伤纤芯的风险，使成品率得到保证；二是解决了光缆的夹持固定问题，这在野外作业中十分必要；三是用电动切割代替手工作业，有效保证了人员安全；四是全面提升了工艺质量，为整个通信线路和电力系统的安全可靠运行提供了基础保障。

第三讲

工作法应用

经前述分析，明确了以往存在的问题及解决问题的关键点，为此设计研发了一种专用电动切割设备——“OPGW 复合光缆电动旋切机”。利用新设备，采用新方法，取代以往落后的手工作业，破解了以往存在的弊端，全面实现了工作质效的提升。

一、旋切机的基本结构

该机器由底座固定部分和外圆周旋转可动部分组成，在底座两侧各有一个交叉滚子轴承，作为动、静机构的连接。轴承内圆周与底座固定，连接形成 U 形固定部分，同时在轴承的内圆周上分别装有四爪卡盘结构的两点紧固装置，中心孔用于 OPGW 光缆贯穿而过。

两个轴承的外圆周通过连接板件相连，形成可旋转的外圆周主体支架。其中一个轴承的外圆周带有齿圈，可以与下部的小齿轮啮合，在电力驱动下使整个外圆活动机构旋转。

在外圆周旋转支架上安装有切割电机总成、切深调节机构总成、蓄电池、控制板。切割电机采用高速直驱式直流电机，装有金属切割砂轮片。

切深调节机构采用蜗轮蜗杆机构减速器，带有自锁功能，动作精密，可以根据不同缆径调节切割深度，以适应不同缆径的需要。

蓄电池采用直流电动工具专用锂电池模块，设计快速拔插装拆结构。蓄电池可以快速更换，通用性强，在外圆周可动总成上随动旋转，效率更高。

控制面板带有主切割电机、深度控制电机的电源开关，同时带有电压表，用于检测蓄电池电源。

为更快地增加现场适应性，在机器侧板装有离合器，可以变换外圆周机构的电动旋转和手动旋转两种圆周旋转方式。机器内部设置照明灯，便于观察切割深度及内部情况。外圆周旋转速度分为“高”“低”两挡，便于适应现场需要调节。

二、旋切机的简要实施过程

将待切光缆调直后从机器中心孔贯穿而过，用两侧四爪同心式手紧卡盘紧固光缆；按操作规程步骤，分别调节深度调节开关使切片贴近缆线；开启主切割电机开关，砂轮片高速启动旋转；开启外圆周旋转开关，外圆活动机构总成开始以光缆为中心转动；调节切深开关，砂轮片接触钢绞线进行切割，在外圆周以光缆为轴心旋转的同时，实现了圆周切割钢绞线；根据火花情况调节切深，达到需要的深度即完成切割；停止主电机、外圆周旋转机构，退刀至安全位置；打开卡盘，退出光缆进行钢绞线的剥离以及后续作业。

三、旋切机的结构组成

按照预定切割方法要求，新设备的功能如图5所示。机器的产品实物如图6所示。

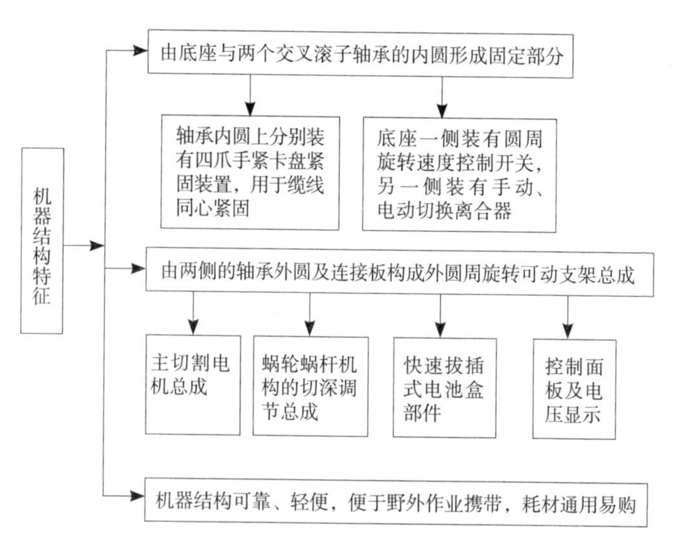

图5　机器功能结构框图

图 6 产品实物图

四、底座及同心式紧固装置的构成和工作方法

底座由底脚座和双侧板组成（均为高强度工业铝合金型材），构成U形主体结构，底座方管型材内装有圆周旋转驱动机构电池、转速控制板等；轴承内圈和手紧卡盘均固定在双侧立板上，结构如图7所示。

四爪同心式手紧卡盘紧固光缆情况如图8所示。

在左侧板装有外圆周旋转驱动机构的手动、电动离合器转换滑板，驱动电机安装在滑板上，输出轴带有小齿轮，可实现与外齿轴承的啮合；右侧板装有圆周转速开关，可实现外圆周总成的高速和低速调节。左、右侧板部件如图9、图10所示。

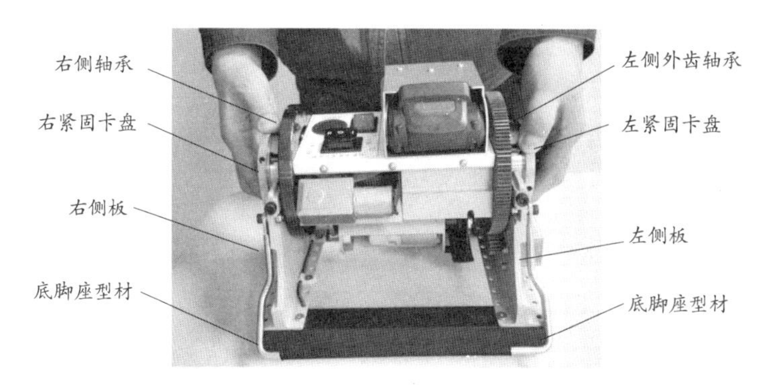

图 7　结构图

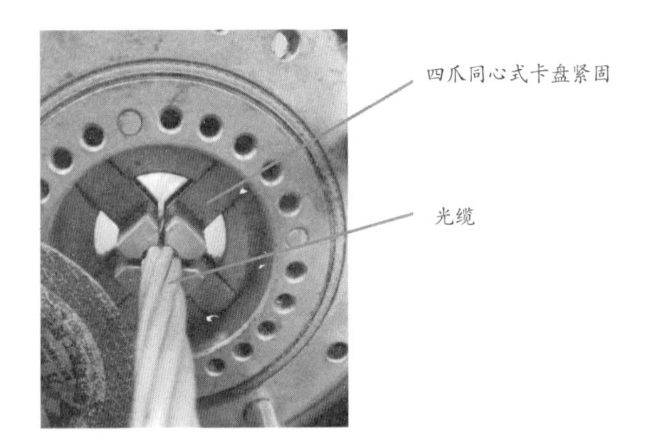

图8　四爪同心式手紧卡盘紧固光缆

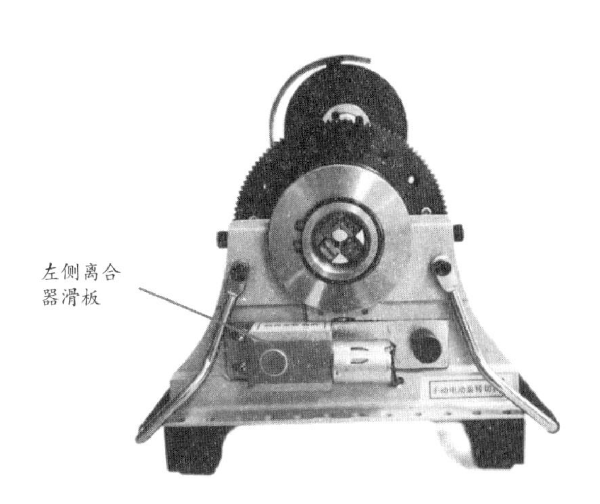

图 9　左侧手动、电动切换机构

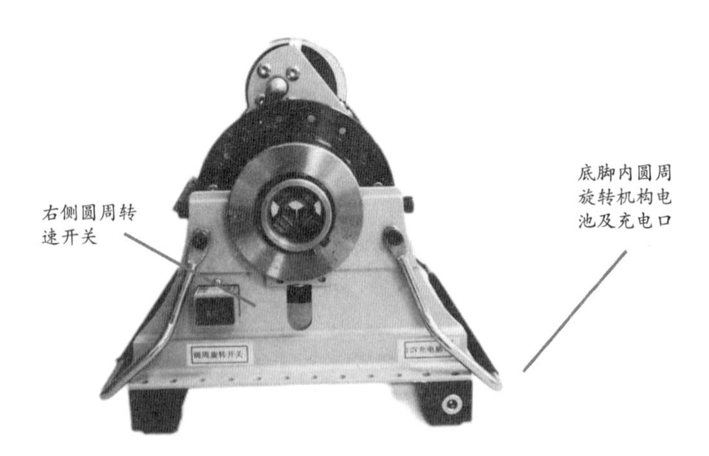

图 10　右侧板圆周转速调节开关

五、切深调节机构组成及工作方法

为适应不同直径型号缆线的切割，确保切割深度能够灵活调节，对比实验力矩控制、杠杆控制、张力索控制等多种控制方式，最终确定采用减速电机蜗轮蜗杆调节机构。切深调节机构部分联动结构如图 11 所示。

切深调节机构由减速电机的蜗轮蜗杆结构与主切割电机总成相连，在蜗杆正反转时控制切割电机总成距中心线的距离，进而实现进刀、退刀动作，同时进刀深度也就是切割的深度。当蜗杆反转至全部退出时，电机总成可以全部打开，可以完成砂轮切片的更换，灵活方便。

六、外圆周旋转的电动、手动切换机构组成及工作方法

为更加方便现场使用，该机器的外圆周旋转机构采用电动旋转和手动旋转两种方式。常规方

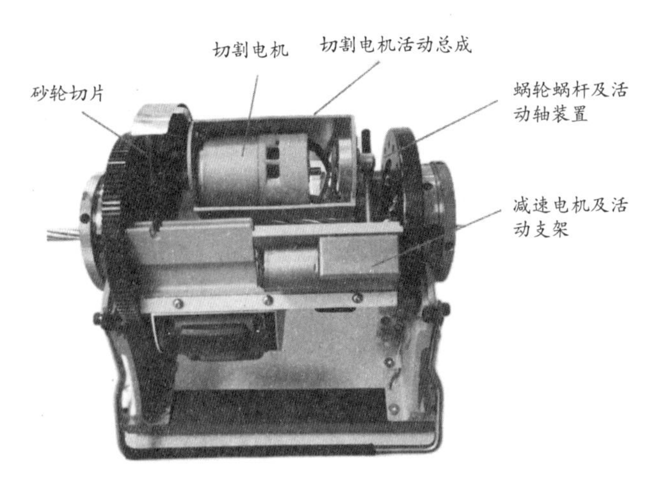

图 11　切深调节机构部分联动结构示意图

式用电动旋转模式，特殊需要、电池亏电以及机构异常时，可人工手动圆周旋转，使用更加灵活方便。

旋转切换机构由离合器滑板、减速电机、锁紧旋钮、小齿轮等组成，当操作滑板移动时，可以控制该电机的小齿轮与外齿轴承啮合或分离，进而实现自动或手动旋转功能。当小齿轮与外齿轴承啮合时，整个外圆周活动总成在电动状态下做圆周运动，从而实现环切。

电机电池及控制电路安装在底脚方管型材中。野外作业底脚电池亏电、机构故障或特定情况需要手动圆周控制时，可将离合器滑板打开，使小齿轮与大齿轮分离，此时进入手动拨动旋转状态，灵活方便。左侧滑板离合器机构如图 12 所示。

图 12　左侧滑板离合器机构示意图

七、快装动力电池和控制面板组成及操作方法

切割电机采用电动工具专用定型的锂电池，便于更换与采购；机器上设置专用电池盒及快速拔插结构，可以方便快速地更换电池；电池采用随机转动模式，工作效率高。根据现场实测，一块电池至少能完成10处作业面的切割，完全满足日常工作量的需求，同时在工装箱内配有随机备用电池、充电器等，更加方便可靠。

控制面板布置在电池盒附近，带有切割电机、进深控制开关和电池电压表，简捷直观，如图13、图14所示。

八、工装箱及附件

为方便携带和对机器进行保护，该机器配有专用高强度铝合金工装箱，内部采用泡沫棉保护，配置两块电池、多个砂轮切片、辅助工具及专用充电器等附件，如图15所示。

图 13　快速拔插电池盒

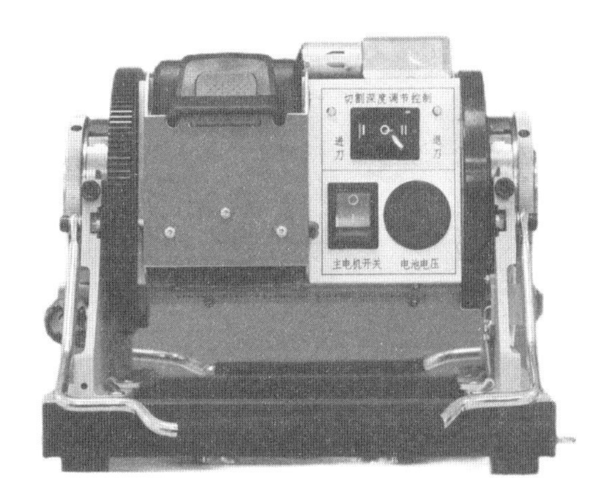

图 14　机器控制面板

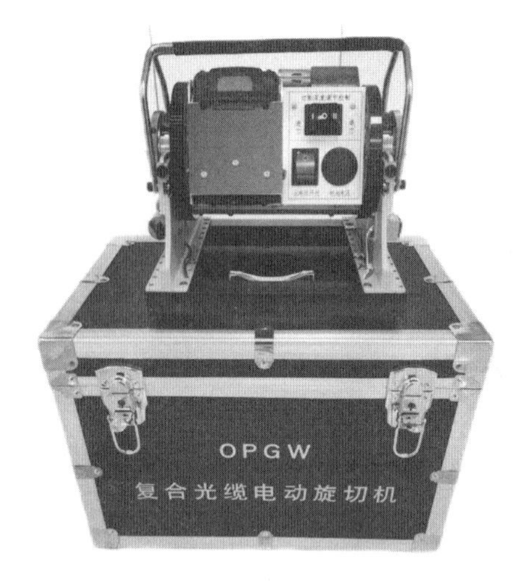

图 15　产品化实物图

九、工作质效

1. 作业速度

以往手工作业完成切割及后续处理每个作业点需要 30min 左右，本工作法每个断面切割时间仅需 1min 左右，且钢绞线无破股，断面整齐，后续的整理工作极为方便，工作效率的提升极为显著。

2. 工艺质量

本工作法不破坏钢绞线股间应力，完全杜绝了钢绞线破股现象。切割断面平整光滑，是以往方式无法比拟的，成品的工艺质量更是有了本质的提升，如图 16、图 17 所示。

3. 安全保障

一是作业人员省时省力，优化了作业流程，降低了劳动强度，避免了作业人员伤手的风险；二是工艺质量的提高，为通信系统和电网运行的可靠性提供基础保障，安全供电，实现了更大的

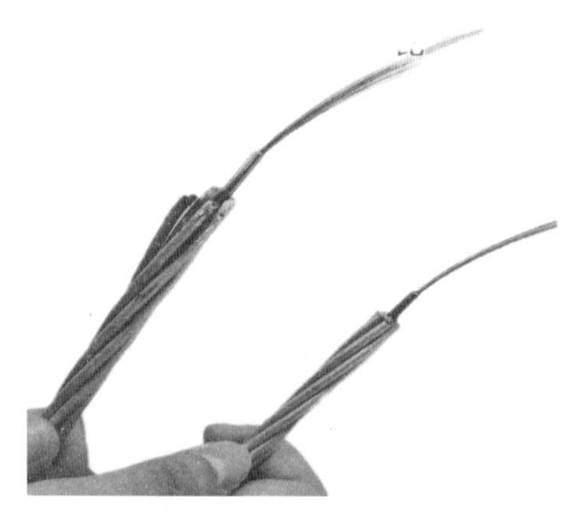

图 16　切割断面对比图

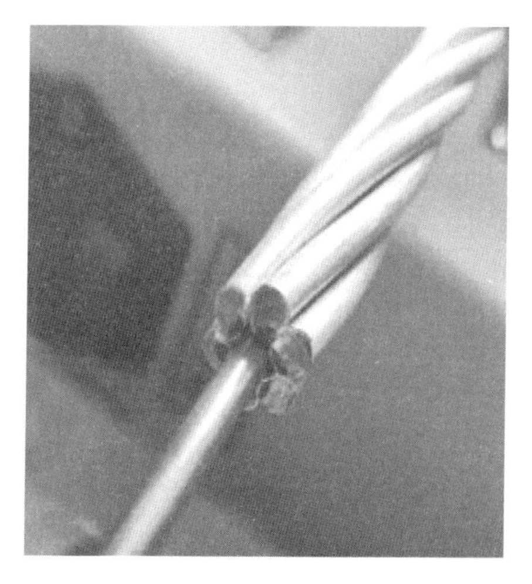

图 17　断面图

安全保障。

4. 经济效益

新方法极大地提高了工效，节约了人工、车辆费用。在故障抢修时，极大地缩短了故障抢修时间，提升供电可靠性，实现了经济效益。

5. 社会效益

该成果面向整个电网系统，能够通过提升施工质量全面提升电网系统的供电可靠性，极大地保障了继电保护、安全自动装置等通道的运行可靠性，防止误动作造成的事故，确保了电网的运行安全，带来了良好的社会效益。

6. 行业刚需

该产品是电网基建、运维、改造部门的必备工具，是 OPGW 光缆线路施工运维的刚需。在产品转化生产的过程中，生产、销售可实现巨大的产品价值和社会效益。通过双创平台推广应用，具有巨大的竞争优势。

7. 简捷轻便

该产品总重量约6kg，操作方便，配置专用铝合金工具箱，便于携带，轻便美观。已经申请3项实用新型专利，填补了该领域的空白。

十、注意事项及保养

工作前首先要区分是中心管式结构还是层绞式结构，由于构造不同，如果判断失误将造成切割段光缆报废。本机器适用于中心管式结构的光缆。

（1）切割前应先进行退刀操作，以保证复合光缆平直穿过，避免砂轮片阻挡，强行穿入会造成砂轮片损坏。

（2）复合光缆固定采用手动方式，固定时一般无须用借助工具，只需双手的力量足以完成两侧卡盘的旋紧或打开，特殊情况时可用附件的手柄来加力完成。

（3）进刀操作按钮应以渐进的方式操作，不宜一次进刀深度过深，避免电机堵转或切片破损伤人。

（4）操作人员应穿棉质工作服（上衣），切割时应戴护目镜，防止火花、铁屑伤及眼睛。不得在砂片的正前方操作，以防砂片碎裂伤人。

（5）作业前应检查供电电池及后备电池电量是否充足。

（6）当切割片磨损到一定程度，或切割片出现裂纹、崩边等情况时，严禁使用，必须更换新片。

更换方法：按住退刀按钮，使蜗杆机构的连接螺钉全部旋出，打开电机盒活动铰链，使用专用工具拆下切割片，操作方式与角磨机相同。切割片更换完毕，恢复蜗杆传动装置。切割片应使用 7.62cm 的金属切割超薄金刚砂切片，厚度为 0.8~1.2mm，如图 18 所示。

图 18　打开主电机总成更换砂轮片

（7）电池的维护及更换。本设备使用 21V 电动工具专用锂电池，采用电池盒随动旋转的装配方式。当电池电量不足时，按下电池盒上的红色卡钮，打开锁扣即可拆装电池，备用电池要满电储存。

（8）日常使用中，应避免潮湿及淋雨，防止机件锈蚀。

（9）充电时，注意主机充电器和旋转机构充电器不得混用。

（10）在使用及携带过程中，防止摔打跌落，避免机器故障。

第四讲

成果价值及转化应用

围绕本工作法，申请了3项专利。该成果获得中国电力企业联合会电力职工技术创新成果二等奖；全国能源化学地质系统职工技术创新成果二等奖；国网吉林电力职工优秀创新成果一等奖。

2022年，国家电网公司为促进新成果转化，对大量项目进行了技术评价论证，本工作法以其显著的现场需求和实用性，入选国家电网公司首批优秀创新成果孵化转化项目，进行产品化升级孵化，2022年底完成孵化并验收出孵。

通过三次升级完善，在一、二代样机如图20、图21所示的基础上，优化定型产品。

一、二代样机为作者手工制作，功能满足需求，外观及加工细节明显可以看到手工痕迹。经实际检验后，逐渐对结构进行优化完善，最后为第三代正式产品打下基础。

图 19　创新团队成员

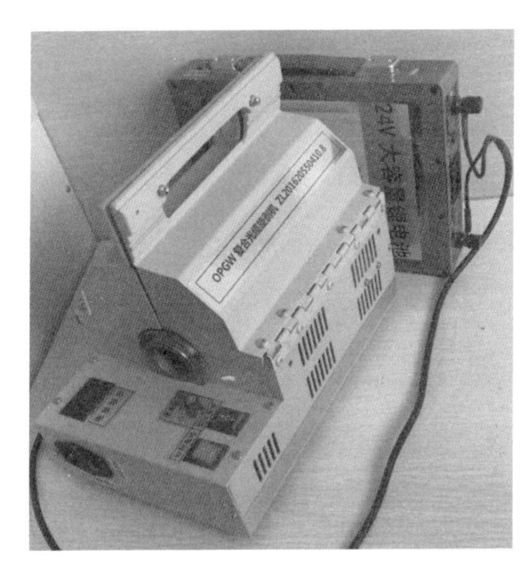

图 20　一代样机

图 21　二代样机

后 记

创新是社会发展和进步最大的驱动力，创新推动了人类社会发展的进程、科技的进步和新技术的应用，给人们的生产生活带来了日新月异的变化。

作为一名企业职工，在工作中传承前辈的技能和经验，在将具体工作做精做细的同时，用创新思维和创新方法使工作质效持续提升，更是每个劳动者的责任。

民间有句俗语“手巧不如家什妙”，充分说明工具的重要性，人类文明的进化也正是从使用工具开始的。“工欲善其事，必先利其器”，也阐明了先进的方法和工具的重要性。在常态化的工作中突破常规，以更先进的方法和工具提质增效，是每个劳动者不懈的追求。

中华人民共和国成立之初，百废待兴，我们的先辈就是凭借“苦干实干加巧干”的革命热情和创新精神，建立了社会主义新中国。“抓创新就是抓发展，谋创新就是谋未来”，这是新时代赋予每个劳动者的责任和使命，更是对创新的高度定位。习近平总书记对劳模精神、劳动精神、工匠精神给予了高度的赞誉：“以爱国主义为核心的民族精神和以改革创新为核心的时代精神的生动体现。”

劳模精神、劳动精神、工匠精神唱响了时代的主旋律，作为新时代劳动者，我深感肩上的重任，立足岗位、创新奉献、锐意进取、诚实劳动就是最好地践行使命！

在自身的成长过程中，受到英模人物的熏陶启蒙，我入企工作，被前辈师傅的创新精神所感染，在追寻他们的足迹中成就了自己，得到了社会的嘉奖和认可，我最大的感触就是——“感恩”：

感恩党的领导——建立了伟大的新中国。

感恩国家——给了我们稳定的生活。

感恩社会——为我们提供了工作的机会。

感恩企业——给了我们发展的空间、生活的薪水，还有一份成就人生的事业。

我将继续用诚实劳动和创新精神，以尘雾之微补益于山海，以荧烛末光增辉于日月。为职业生涯增添一抹亮色，更好地服务企业、奉献社会！

2024 年 3 月

附 录

OPGW 复合光缆电动旋切机操作使用规程

一、技术参数及工作原理

1. OPGW 复合光缆电动旋切机主要参数

（1）外形尺寸：235mm × 200mm × 220mm

（2）重量：含电池 5.8kg

（3）主机电池组规格：21V 2.2AH

（4）圆周旋转机构电池规格：11V1.5AH

（5）可用缆径范围：8~25mm

（6）适用光缆结构：中心管式复合光缆

（7）进、退刀调节速度：1.0mm / s

（8）进、退刀机构型式：蜗轮蜗杆机构

（9）切深控制方式：点动式进刀、退刀

（10）主电机规格：150W 永磁高速直驱式

（11）切割片规格：76mm × 1.2mm 金属切片

（12）工具箱尺寸：380mm × 280mm × 260mm

（13）主体结构材料：铝合金

2. 应用场景

光缆接续是通信线路施工运维中最常见、最

关键的环节，在 OPGW 光缆接续工作中，需要将光纤外层的钢绞线切开，剥离出内层的不锈钢管，再切开不锈钢管剥离出内部的纤芯进行熔接，实现光纤线路的接续贯通。

本旋切机专用于中心管式结构的 OPGW 光缆的外层钢绞线的切割剥离，有效解决了以往人工手锯切割带来的断面粗糙、钢绞线破股、工效低下等问题。在使用前必须确认好光缆的结构。

3. OPGW 复合光缆电动旋切机组成

机器主要结构如图 a 所示。

四爪同心式手紧卡盘紧固光缆如图 b 所示。

4.OPGW 复合光缆电动旋切机基本原理

将待切割的 OPGW 光缆调直后由机器的中心孔穿过，用手紧卡盘定位锁紧机构实现同心紧固；切割电机安装在活动支架上，装有金属切割片，可以以钢绞线为轴心做圆周旋转，进而实现环切；通过调节进（退）刀按钮驱动蜗轮蜗杆机

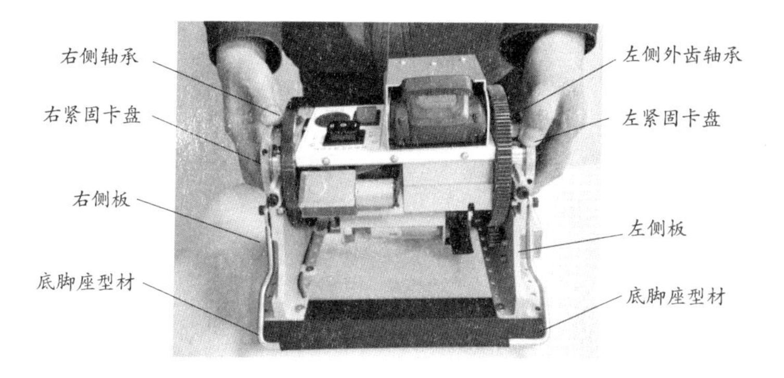

图 a　结构图

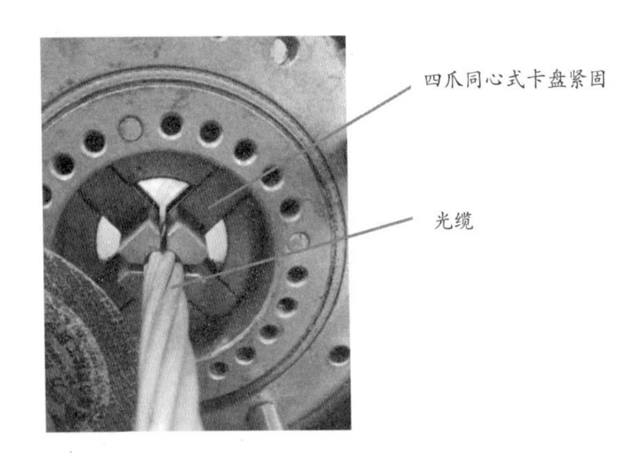

图 b　四爪同心式手紧卡盘紧固光缆

构实现切深的调节，以便适合不同缆径，实现复合光缆钢绞线快速、准确、整齐切割剥离，实现了 OPGW 光缆外层钢绞线的电动切割。切面光滑平整，杜绝了钢绞线破股，提高了工效，实现 OPGW 光缆作业领域的工艺变革与质量的全面提升。

二、基本操作

（一）准备工作

（1）首先必须明确光缆的结构，该设备针对中心管式结构光缆，如果是层绞式结构光缆，则不适合切割。

（2）将待切割光缆预留合适的余长，手动调整待切割区段，使其尽量平直，避免偏心伤及纤芯。

（3）按下切割退刀按钮，将砂轮片退出切割范围；旋开手紧卡盘，使四爪卡点松开，腾出足够的空间以便光缆通过。

（4）将上述调直的 OPGW 光缆由右向左穿过两侧卡盘至待切割部位，手动旋紧两侧卡盘将光缆同心紧固。

（二）切割操作

该设备采用交叉滚子轴承作为动、静部件的连接，利用内层固定、外层旋转的结构，形成外圆可以绕圆周切割的转动部件。

（1）按住切割进刀按钮，观察砂轮切片位置，渐进式点动进刀钮至临近钢绞线时停止进刀，开启电动旋切机主切割电源后，切割砂轮片高速旋转。开启圆周旋转开关，外圆机构开始圆周转动。此时持续点动进刀深度按钮，使刀片开始切割钢绞线，根据火花情况控制进刀速度和进给量。一般每进给一次切深，刀片应完成 2 周的旋转切割。

（2）如果是单层钢绞线，或者是多层钢绞线切割到最后一层时，其最后的切割深度以单股钢绞线直径的 80% 为宜。避免全部切断时由于绞线不同心造成保护管的损伤，达到要求深度时即停止切割，后续可以手工轻轻掰断。

（3）切割完成后，停止主切割电机，停止圆周旋转机构，按住退刀按钮，使切割片退出施工区域。

（4）手动旋松两侧卡盘，抽出光缆。抽出光缆时必须绝对小心，避免切割处弯折造成保护管变形伤及纤芯。

（5）抽出缆线，按单股拆开钢绞线，在切口处轻轻掰断，即可进行后续处理，如图 c 所示。

三、维护及保养

（1）切割片的更换。当切割片磨损到一定程度需要更换时，持续按住退刀按钮，使蜗杆机构的连接螺钉全部旋出，打开活动铰链，用专用

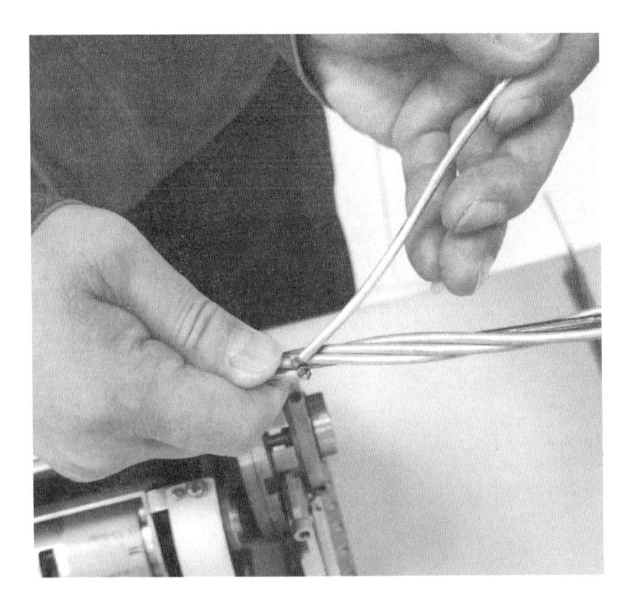

图 c　将单股钢丝在切口处轻轻掰断

工具拆下切割片，更换完毕后，恢复蜗杆传动装置。

（2）电池的维护及更换。本设备使用 21V 电动工具专用锂电池，采用电池盒随动旋转的装配方式，面板上带有电压表。机器采用电池组快速拆装结构，当电池电量不足时，按下电池盒上红色卡钮并向外推出，使电池与机器脱离即可更换电池。

（3）当切割片出现裂纹、崩边、缺损等情况时，严禁使用，必须更换新片。

（4）日常使用中，应避免摔打及受潮。

（5）机器的外圆周旋转机构为单独电池供电，装置于底脚方管型材内，电压为 11V 1500mA · h，底部带有充电接口，采用单独充电器充电。当电力不足时应尽快充电，在工作期间如遇电量不足时，可以调整离合器滑板，将外圆周旋转机构切换到“手动”位置，手动旋转外圆周完成切割工作。

图书在版编目（CIP）数据
据永安工作法：架空地线复合光缆的电动旋切 / 据永安著.
-- 北京：中国工人出版社, 2024. 7.
-- ISBN 978-7-5008-8474-3
Ⅰ. TM726.3
中国国家版本馆CIP数据核字第2024XB3363号

据永安工作法：架空地线复合光缆的电动旋切

出 版 人　董　宽
责任编辑　魏　可
责任校对　张　彦
责任印制　栾征宇
出版发行　中国工人出版社
地　　址　北京市东城区鼓楼外大街45号　邮编：100120
网　　址　http://www.wp-china.com
电　　话　（010）62005043（总编室）
　　　　　（010）62005039（印制管理中心）
　　　　　（010）62379038（职工教育编辑室）
发行热线　（010）82029051　62383056
经　　销　各地书店
印　　刷　北京市密东印刷有限公司
开　　本　787毫米×1092毫米　1/32
印　　张　3.125
字　　数　35千字
版　　次　2024年8月第1版　2024年8月第1次印刷
定　　价　28.00元

优秀技术工人百工百法丛书

第一辑　机械冶金建材卷

优秀技术工人百工百法丛书

第二辑　海员建设卷